儲かる農業への挑戦
アグリルネッサンス《農業維新》

―週末は皆で畑へ―

菊子晃平《KIKUKO KOHEI》

AGRI RENAISSANCE

幻冬舎MC

儲かる農業への挑戦

〝アグリルネッサンス《農業維新》〟

～週末は皆で畑へ～

はじめに

私は冬になると３ｍの雪が積もる、秋田県の豪雪地帯に農家の次男として生を受けた。

一家総出で、稲作、酪農、野菜、シイタケ栽培と一生懸命夜遅くまで働くも、農協（農業協同組合）からの借金は増えていくばかりで生活は楽にならない。なぜ農業はきつくて、儲からないのだろうか？　あれから50年経った今、日本農業はコストが上がり、赤字経営が増えて高齢者を中心に農家の離農がさらに進んでいる。耕作放棄地も増え続け、農業の担い手が減り、自給率も下がり続けている。農家の数の減少に歯止めがかからない状況である。

小学６年生の時、村の夏祭りの費用に充てるためドジョウを取り、村人たちに売って歩いた。今年は、なぜか背骨が曲がっているドジョウがいるな、なぜだろう？　そういえば随分ホタルの数も少なくなってきた。当時は戦後の高度経済成

長が農村にも波及し、日本は輸出大国としてその後Japan as no.1と呼ばれるまでになった。昭和は、戦後の焼け野原から奇跡の復興を遂げたが、平成の30年間を経て、令和になっても日本の国力は下がり続け、日本農業もまた、衰退の一途をたどっているように見える。

私はこの2つの疑問を抱いて、社会人になった。全農（全国農業協同組合連合会）に入社すれば、日本農業の現状がより詳しくわかるのでは?と期待したからである。関西勤務になり、九州、四国、中国地方の農村・産地を回り、農畜産物を関西の生協（生活協同組合）、スーパー、レストラン、飲食店等に販売し、やりがいを感じていた。何せ日本は高度経済成長が続き、入社2年目で車を購入できた時代である。ところが一転、入社して4年で全農を退職し、単身アメリカに武者修行に出ることになる。その後アメリカに続き、世界の農業を舞台にビジネスをすることになった。30代で当時アメリカ最大の農業協同組合の日本法人を設立、代表に就任。その後アジア地域の代表も兼任。苦難の時代もあったが日本・

世界のアグリビジネスで数々の賞を頂き成功をおさめてきた。

一方、2つの疑問は頭の中にいつもあり、2012年から自ら自己流の農業を始めた。

最初は農薬を使わない農業をやるというと、農業委員会から大変だからやめたほうがいいと言われたが、徐々に農業委員会からも認められるようになってきた。耕作放棄地も、クワから耕運機に、そしてトラクターと、規模も農園の数も増えてきた。すると自然に農園に来てくれる仲間が増えた。医師、看護師、女性経営者、有機農家、オーガニックの種を販売している社長、農大生、農業高校生たちも学校から研修に来てくれた。いつの間にか、農薬、肥料、除草剤を全く使わない自然栽培[*1]、有機栽培[*2]を学ぶ学校が自然と出来上がっていた。農林水産省、総合商社、食品メーカーも視察に来るようになった。自然栽培の講師として、一般社団法人　シゼンタイの佐伯康人代表、日本有機農業学会谷口会長、東京大学の鈴木宣弘教授にも農学校で講演をお願いし、皆と一緒に学び続けている。自然&有

機栽培農学校（以下農学校）も、都市（神奈川県厚木市）、地方（秋田県湯沢市）、海外（アメリカ、ハワイ島）と、2つの疑問に答えを見つけるためもあり異質な3拠点に同時開校し、一体運営している。

「儲からず、後継者が少なく衰退していく日本の農業」「ドジョウの背骨が曲がっている」、これらの疑問に対する答えが今はっきりと見えてきた。従来の農業とは違う、アグリルネッサンスを興す答えが見えてきた以上、全力で行動に移るべく走りだした。「日本に元気がない」、このことにも本書の後半で触れたい。

ここ数年、学校や、農業関係者、自治体等から講演の依頼が来ています。私のこれまでやってきたことをお伝えできれば幸いです。

＊1　自然栽培　農薬、肥料、除草剤を使わない農業のこと。詳細はP78／79を参照。

＊2　有機栽培　農薬、化学肥料を使わない農業のこと。

目次

第1章

小学6年生の時に抱いた、素朴な2つの疑問

冬になると、秋田の農村から東京に出稼ぎに出る（写真1）。私の村では、春になるまで父親が帰ってこない農家が大半であった。出稼ぎに行かなくても生活できるように、稲作に加えて、父は酪農を始めた。牛舎を建て乳しぼりを始め、お金を稼ぐため野菜やシイタケ栽培もやった。家族総出で、夜遅くまで働き、私も農作業に駆り出された。しかし、生活は一向に楽にならない。母も農作業のかたわら、冬になると隣町の仏壇製造のパートにも出た。しかし農協からの借金がどんどん増えていく。こんなに働いているのに、なぜ生活が苦しいのだろう？子供ながら、疑問に思った。

夏になると村の祭りの費用を稼ぐために、ドジョウ取りをやった。たくさん取れて、村人に売って歩いた。その頃、背骨の曲がったドジョウを時々見かけるよ

（写真１）子供の頃、屋根まで雪が積もっている

うになった。どうしたんだろう？　そういえば、蛍の数も少なくなってきたように感じた。

それから中学、高校と進むにつれて、ドジョウはいつの間にかいなくなっていた。おじさんたちに、なぜドジョウが取れなくなったのか？と聞くと、土地区画整理のためだと言われた。本当にそうだろうか？　いもち病にならないために、両親が田んぼに農薬をまき始めたが、つらい作業のようだ。次から次へと新しい農業機械が出て、農協から買うように勧められる。確かに、コンバインを使うと作業ははかどるが、結構値段も高い（写真2）。

いつの頃か、こんな日本の農業に疑問がわき、日本の農業の政策はおかしいのでは？と思うようになった。家は貧しかったが、大学へ進学させてもらい農業を学んだ。実家の状況はよくわかっていたので、とても親に仕送りを頼める状況になく、国立大学を選び、授業料は全額免除、生活費は全額アルバイトで稼いだ。サークルは、農業問題研究会に入ったが、その答えは結局見つからなかった。

（写真２）　父とコンバインで稲刈り

就職は、いろいろ考えて全農を選んだ。現実に日本農業に貢献できると思ったからだ。全国から仲間が集まった。全農、全中（全国農業協同組合中央会）、農林中金（農林中央金庫）、全共連（全国共済農業協同組合連合会）等、農協の全国組織だ。富士山のふもとの研修所で、農業協同組合について共同研修を受けた。その後、熊本の農家で１か月研修を受け、配属は関西に決まった。西日本の農家、産地を回り、関西の生協、スーパー、百貨店、レストラン、飲食店に農畜産物を供給する。やりがいのある仕事で、入社２年目で車も購入し、日本が高度経済成長で発展し世の中が活気にあふれていた。このまま、一生全農で定年まで働くことに何の疑問も持っていなかった。当時は、会社に入社したら定年まで勤める終身雇用の時代だった。

そんなある日、寮でテレビを見ていると、中曽根元総理とアメリカのレーガン元大統領が、牛肉とオレンジの自由化で合意した、と大きくニュースで報じられた。日本からアメリカへ車や電気製品の輸出が増え、貿易不均衡を解消するため

に、アメリカから農産物を買え、ということらしい。そんなことがあるのか？その夜は、なぜか一睡もできなかった。次の日も眠れなかった。そして3日目には、課長に辞表を出していた。自分は農家に生まれ、日本農業のために一生働くつもりで全農に就職した。しかし、政治によってアメリカからの農産物の自由化が決まり、今後どのように日本農業に影響を与えていくのか、想像もつかなかった。そのためにも、とにかくアメリカの農業を自分の目で見ておきたかったからだ。

　しかし、もちろん課長は辞表を受け取らず、親には話をしたのか？と言われた。そういえば親には何も話をしていなかったので、夕方、全農を辞めることにしたと親に電話で伝えた。次の日、驚くことに全農の職場に両親がいた。秋田から日本海回りの夜行列車に揺られ、大阪まで来たと。そして、父が課長に「申し訳ございません。この子は世間知らずで親からよく言い聞かせますので、今回のことは許してやってください」と涙を流しながら謝っているのだ。いたたまれなくな

り、いいから話し合おうと両親を外に連れ出した。父は、いいから親の言うことを聞けの一点張りで、私の考えなど聞く気もなかったようだ。当時は、会社を辞めた人間は脱落者とみなされ、クレジットカード一枚すら作れない時代だったから、父も私の今後のことを本当に心配していたらしい。夕方の夜行列車で秋田に帰るというので、大阪駅まで見送りに行った。改札口を通ってホームに入っていく、両親の小さくなった後ろ姿を見て、急に涙があふれてきた。なんて俺は、親不孝者なんだろうと。親に心配をかけて、俺はこれから何をやろうとしているのかと。思わず、「俺のことは心配するな、気をつけて帰れ」と、声を上げていた。それから丸一年、全農で今まで以上に頑張って働いた。全農の職場に英会話のサークルを作ったり、マーケティング研修も受講させてもらい、仕事の面白みがわかってきた。

そして、退職届を出してから1年後、再度辞表を出した。課長に「わかった。で、これからお前はどうするのか?」と言われたので、「アメリカに一人で武者修行

に出てきます」と言った。両親も、今度は秋田から出てくることはなかった。アメリカに旅立つ日、大阪空港にはたくさんの同僚たちが、見送りに来てくれた。

第2章

アメリカ、そして世界への旅立ち

～ジェットコースターのような人生～

私は4年間貯めたお金を全部持って、アメリカのロサンゼルスに着いた。20歳の時、アメリカ　カリフォルニア州立大学（バークレー校）に短期留学していたこともあり（写真3）、多少英語で会話はできる。お金が無くなるまで、アメリカの隅々まで見てやろうと思った。西海岸から中西部、シカゴ、そしてニューヨークまで、武者修行が続いた。コロラド州では、10万頭の牧場（フィードロット）を見て、大きさに圧倒された（写真4）。カンザス州では、車で走れども走れども地平線までトウモロコシ畑が続く。北海道の比ではない。自分が見て感じたことを、レポートにして以前の職場全農に送った。私みたいな者が今後現れないように、全農にチャレンジ研修（アメリカ大陸を横断して、アメリカを視察）制度ができたと聞いた。ニューヨークにたどり着いた時には、所持金も残り少なくなっ

（写真３）　カリフォルニア州立大学　バークレー校にて

（写真４）　コロラド州の牧場にて、建物の中身は牛のエサ

ていた。マンハッタンを徒歩で歩き回りながら、最後は全農ニューヨーク事務所に来ていた。退職していたのでアポイントもなしに、訪問してみた。面白いやつが日本から来ているということで、その夜はニューヨークの居酒屋で、全農アメリカの職員たちと飲み明かした。さあ、アメリカという国、農業のスケールの大きさはわかった。日本に帰国する機内で、自分が次に何をすべきか考えていた。アメリカは自分の目で見たが、オーストラリア、メキシコ、中国を含むアジアの国々、南米もある。そうだ、まだまだ学ぶことはたくさんある。

商社に入り、世界のアグリビジネスの道を選んだ。農畜産物の貿易である。海外の産地を飛び回り、買い付け交渉し、見込みが外れて大量の在庫を抱え死にそうになったこともあったし、相場が見込み通りになり、大儲けも経験した（写真5）。そうした中で、海外の生産者・サプライヤーとの人間関係も徐々に構築されていった。そして結婚もし、子供も授かって家を建てた。商社マンとしてやりがいを感じており、一生働くつもりだった。

（写真５）　カンザス州で牛肉の買い付け交渉

　そうしている時に、アメリカの会社から連絡があった。「当時アメリカ最大の農業協同組合が株主になり会社が大きくなった。日本法人（牛肉のマーケティング）を設立するが、代表にならないか？」と。私みたいなものに、外資系の会社の経営ができるだろうか？　ライバル会社は、すでに日本で10年以上も前から日本法人を作り、盤石な顧客基盤を構築している。今頃進出しても、うまくいかないで早期に撤退することにならないか？　妻に相談すると、一言わかりましたと。１９９８年、アジア通貨危機の最中で、山一證券が倒産、中堅の商社や北海道拓殖銀行も倒産する不安定な中、私の経営者人生はスタートした（写真６）。

　オフィスを借り、人材を募集、新規顧客開拓に明け暮れた。やるからには、業界でNO．1を目指そうと心に誓った。ライバル会社は、皆、世界的な大手企業で、10年以上も前から日本に進出し、強固な関係を顧客と築いていた。人材募集の面接で、私は業界NO．1を目指すから是非入社してくれと頼むと、この人は頭が変なのではと思われていたらしい。顧客先に出向いていくと、すでにライバル会

（写真６）　日本法人設立レセプション

社とパートナーをむすんでいると言われた。それでも、あきらめずマーケティング活動を続けた。

　すると徐々に顧客が増え、設立４年目にはＮＯ．１シェアを獲得した。アメリカ本社の社長からは、「お前のほしいものは何でもかなえてやる。日本だけでなくアジアの代表もやってくれ」と言われた。それでは、副業を認めてほしいとお願いし、新しいベンチャー会社を立ち上げた。こちらも順調に推移し、上場を目指すように監査法人から言われた。志があれば何でもかなうんだ！と怖いものは何もなく、自信にあふれていた。

　翌年、２００３年は、天国から一転、地獄に落ちることになる。アメリカ本社の株主、当時アメリカ最大の農業協同組合が、会社更生法を申請した。アメリカでは農協もつぶれるんだ！　株主の農協がつぶれて、傘下の牛肉の会社は株主が代わり、会社の方針が変わった。副業は禁止になった。新しく設立したベンチャー企業は順調だったが、すぐに閉鎖するように言われた。つらかったが、本業に集

中しようと、気持ちを切り替えた。ところが、クリスマスイブの日に、とんでもないニュースが飛び込んできた。アメリカでＢＳＥ[*1]が発生。牛肉の輸入が日本だけでなく、アジア全域で停止された。次の日からすることがなくなった。輸入が停止になったことで、マーケティング活動をする必要もなくなった。家族からは、これから生活どうなるの?と聞かれたが、何も答えられない。日本だけでなく、韓国、香港等にも社員はいる。これからどうしようか？　頭が真っ白になり、何も考えられなくなった。しばらく思考停止状態に陥っていた。

気が付いたら、飛行機に乗っていた。秋田空港に降り、レンタカーを借り、生まれ故郷の湯沢に向かって走っていた。外は吹雪で真っ白な中、湯沢に到着。駐車場に車を止めて、降りしきる雪をじっと見ていた。これからどうなるのだろう？社員のこと、会社のことを考えながら、ふと、このまま死んだら、楽になれるだろうか？　頭をよぎった。じっと雪を見ていると、走馬灯のように少年時代のことが思い出された。高校生の時、冬はバスで通学していたが、バス停まで３㎞の

雪道を歩いていた頃のことが思い出された。当時は、車がそんなに普及していなく、道がなく遠くの明かりを目指して雪道を歩いていた。そうだ、私は、会社２つとも失って何もなくなった。でも、私にはまだ雪国のふるさとがあるではないか！　このまま負け犬になってどうするんだ！　すぐ秋田空港に引き返し、東京に戻り、そしてアメリカの社長に辞表を持って会いに行った。私は、「会社ですることがなくなったので、責任を取って辞めます。ただし、社員は将来の輸入再開を考えて、そのまま残してください」とお願いした。するとアメリカの社長は、お前が辞めるのであれば俺も辞めると。そんなことできるわけもなく、私は会社に残ることになる。それから、結果輸入再開まで丸２年要したが、私は誰一人もリストラをしなかった。する仕事がないつらさを身を以て味わった。不思議と、何もすることがないのに社員は遅刻もせず、愚痴も言わずに出勤してきた。

２００６年に輸入再開したが、ＢＳＥの影響で牛肉離れが起きていた。会社を設立した時には、〝ＮＯ．１になる〟を経営理念としていたが、経営理念を改めて

〝牛肉文化の復活〟に変えた。その後日本の食文化に赤身肉、熟成肉、ステーキブームが到来した。社員の努力のおかげで２００６年の輸入再開以来、シェア（アメリカ産チルドビーフ）は、現在まで第１位を続けている。テレビ『ガイアの夜明け』に取り上げられ、雑誌『SUPER CEO』に伝説の経営者として掲載され、『ビーフキングダム～王者の視点～』等に掲載、サプライヤー・オブ・ザ・イヤー賞などたくさんの賞を頂いた。アメリカの州知事からの感謝状に加え、ここ数年は、社会貢献活動として日本農業の活性化のために県や市に寄付活動を続けており、黒岩祐治神奈川県知事、佐竹敬久秋田県知事、鈴木俊夫湯沢市長、小林常良厚木市長、稲川中学校校長、湯沢高校校長、神奈川農業アカデミー校長等からも感謝状を頂いている。会社を設立し26年が経過し、たくさんの方々にご支援を頂いてきた。改めて皆さんに感謝を申し上げたい。

＊1　ＢＳＥ（牛海綿状脳症）　牛の病気の一つ。

第3章

自らクワを持ち耕作放棄地を
自然&有機農園に再生

２０１２年、横浜の自宅から車で10分ほどの場所に畑を借りて、自己流の週末農業を始めた。少年時代に２つの疑問を抱いたまま、答えを見つけていなかったのだ。どうしたら儲かる農業ができるのか？　ドジョウの背中はなぜ曲がっていたのか？　翌年、映画『奇跡のリンゴ』を見て、涙が止まらなかった。映画の主人公は、農薬を使わないリンゴ栽培に挑戦し、苦労の末、世界で初めて農薬を使わないリンゴの栽培に成功する。これだ、私の目指す農業の姿だ！　以来、私は10年以上、農薬や化学肥料、除草剤を使わない自然栽培に取り組んでいる。

近年は、神奈川県厚木市の耕作放棄地を借りて、自然&有機農園に再生している。最初の農園は、20年間放置されていた耕作放棄地を、一人でクワを持ち開墾作業を始めた。隣の畑で中年のおじさんもクワを持って畑を耕していた。トラク

ターで耕耘してもらおうとしたらしいが、誰にもやってもらえず自力でクワで開墾作業をしていた。この方が、（株）グリーンフィールドプロジェクト社の松崎社長だった。彼はアメリカの大学で経済学を学び、卒業後は外資系金融機関に勤務。メキシコ駐在時代に有機農産物などに興味を持ち、２００９年には農業分野への転身を決意。友人が経営する熊本県天草市の種苗店で働き始める。ヨーロッパの有機種子[*1]の情報を入手したことが大きな転機となり、２０１２年に有機種子販売会社を設立。日本初で、唯一のヨーロッパ有機認証を取得した有機種子の輸入・販売会社となる。持続可能な農業の実現のために有機種子の販売に注力しているほか、日本の在来種を継承することを目的とした〝SAVE THE SEEDプロジェクト〟を立ち上げた方である。グリーンフィールドプロジェクト社とは、それ以来、お付き合いをさせていただいている。彼からオーガニックの種を分けてもらい、カボチャの種を畑にまき、たくさんのカボチャが収穫できた。当時農薬を全く使わない農業は異端児扱いされていて、農業委員会からも大丈夫か?と不安視

されていた。しかし、２つ、３つ、４つ、５つと耕作放棄地を自然＆有機農園に再生していく中で、クワに耕運機、トラクターも加わって、今では本格的な自然栽培ができている（写真７）。

＊1　有機種子　化学肥料や農薬を一切使用せず、文字通り完全に有機農法で育てられた作物から採取された種で、種子消毒されていないもの。

～都市（厚木市）、地方（湯沢市）、海外（ハワイ島）に農学校を自腹で３校同時開校する　世界で唯一の農学校～

一緒に農作業してくれる仲間も、口コミで増え続け、医師、看護師、女性経営者、オーガニックの種を製造販売している会社の社長、教師、有機農家、オーガニックカフェの経営者、学校の先生、農業高校、農大生等、様々な方々が農園に集まって、農作業を手伝ってくれるようになった。そうすると、自然栽培を学ぶ

（写真７）　第５農園でトラクターを運転

コミュニティのようなものが自然と出来上がり、皆で学びながら農業を続けている。畑にミニ図書館やカフェも開いた。映画も見られるようにした。講師として、シゼンタイ佐伯代表、日本有機農業学会谷口会長、鈴木東大教授等に農園に来てもらい、講演してもらった。厚木だけでなく、私のふるさと秋田県湯沢市、アメリカハワイ島にも農学校を開校して学んでいる。２０２３年、１５０名以上が農学校に学びに来たが、原則授業料、学費は無料（一部実費あり）としている。開校イベントには、菅義偉前総理大臣からお祝いのビデオメッセージが届けられた。都市（首都圏）、地方（農村）、海外（ハワイ島）で、無農薬、無肥料、無除草剤の自然栽培を無料で学べる世界でも唯一の農学校で、農林水産省、食品メーカー、大手商社等、様々な方々が視察に訪れるようになってきた（写真8）。

　２０２３年3月、秋田県湯沢市農業経営者協会の農家の方々10名程が、厚木の農園に来られた。都市型農業の視察という目的だったが、皆さん、後継者がいない問題を抱えて、後継者がいてもお嫁さんが来ない現状を何とかしてほしいと懇

（写真８）　農林水産省、神奈川県担当、厚木市職員の視察

願された。それでは、8月の湯沢市の七夕絵どうろうまつりに、農ツアーとして、また、神奈川（厚木校）と秋田（湯沢校）農学校交流事業として10名程、湯沢に連れていくと約束した。翌月、偶然にも神奈川県の農業高校で授業を頼まれた。日本農業の現状、有機農業の現状、食糧危機の可能性等講義をし、夏に秋田の農村ツアーに行かないか？と話したら、数名の生徒から是非とも行きたいと手が上がった。女子高生が多かった。農村に行ってみたいと。

秋田（湯沢市）農ツアー

神奈川県の農業高校生、農大生、自然栽培農家10名で、秋田（湯沢市）に向かった。

2泊3日の農ツアーであるが、農家での収穫体験を中心に、湯沢市長訪問、七夕祭り等も入れ参加者が楽しめるようなプログラムにした。日程順に、稲庭うどん（寛文五年堂）、阿部医師（農福連携[*1]、自然農法[*2]）、京政ファーム（麻生代表）、

湯沢市役所（佐藤市長）、とことん山（キャンプ場）、（株）ＫＡＭＵＲＯ（菅社長）、秋田（湯沢）農学校、秋の宮山荘、（株）やまだアグリサービス、湯沢七夕絵どうろうまつり、（株）ＣＲＡＳ（奥山社長）と盛りだくさんのプログラムで、順に紹介していきたい。

＊１　農福連携　障害者が農業分野での活躍を通じ、自信や生きがいを持って社会参画を実現していく取り組み。

＊２　自然農法　農薬や化学肥料に頼らず、農作物が持つ生命力を活かす栽培方法。

【稲庭うどん、寛文五年堂】

羽田から秋田空港へ、そしてレンタカーを借りて、稲庭うどん（寛文五年堂）に向かった。皆、うどんの美味しさに感動の声を上げた。創業１６６５年、いつでも最高品質の稲庭うどんを作るために、３５０年間受け継がれてきた伝統の製

法で、毎日職人たちが丹念に手作りしている。

【阿部医師、農福連携、自然農法】

医師で農福連携、自然農法を実践されている阿部先生の自宅を訪問。阿部先生は、阿部耳鼻咽喉科医院を開業され、令和共生の里山プロジェクトを立ち上げた。先生とは、今後湯沢農学校と一緒に活動をしていく予定なので、先生のプロフィールと志を記したいと思う。

阿部先生のプロフィールとプロジェクトの立ち上げ

1948年11月、湯沢市稲庭町の13軒しかない下川原集落に生まれた。高校から生家を離れ、横手市、盛岡市、八戸市、ロンドン、再び盛岡市に住んだのち、1991年7月に横手市十文字町に阿部耳鼻咽喉科医院を開業した。岩手医大の医学部では、聴覚医学と耳科学を専門領域とし、ストレス性難聴を主テーマとし

て約15年間の研究生活を送った。留学したロンドン大学では、当時聴覚医学のトピックスであった音響反応の発見者であるD.KEMP助教授の指導を受け、彼が開発した耳音響放射検査装置・ＩＬ０８８を初めて岩手医大に導入してその研究を行った。日本聴覚医学会のレジェンドである立木孝教授の指導もあって、業績を上げ研究活動も続けることができたが、様々な理由で開業の道を選んだ。

（秋田稲庭・やさしい森のプロジェクト）

阿部医師は令和元年、人生最後の活動期といわれる70歳を迎えた。彼の生家に近い十文字町に耳鼻科を開業した時から、心の中で温めてきた想いを実行に移す時だと決意し、このプロジェクトを立ち上げた。プロジェクトは左記の６つの活動からなる。

１．生家の裏山を、身体的・知的精神的・社会的に多様な人たちが安心して楽しめる憩いの場、森林浴のできる公園として整備し、開放する。

2. 阿部耳鼻科の〝聞こえとことばの教室〟で20年前から行ってきた、コミュニケーション障害児への医療養育支援をもっと広く・深く・楽しく展開する。

3. 障害のある子となさそうな子（幼稚園・こども園の子供たち）が自然に交流できる場所を作り、五感教育・自然環境保護教育等の子育て支援を行う。

4. 秋田県内の大学生や福祉系の大学、専門学校生が、長期の休み等にミニ合宿をしながら、障害児養育支援・自然環境保護・地域活性化などの課題解決方法を研修できる場とする。

5. 下河原周辺の限界集落が、生き残っていく価値のある所に変わることで、消滅を回避できるように集落の全員が参加してその方法を模索する。有機自然農法栽培の野菜・山菜の販売や、間伐材使用商品の開発・販売など。

6. 寒さが厳しく暗い北国の生活を明るくできるようにする方法を、福祉先進国でもあるサンタの国の暮らし方を道しるべとして、探求し提案していく。

【京政ファーム、麻生代表】

旧稲川町で、32歳ながら稲作35ha、大豆22haの大規模農家。近い将来１００haを目指す、期待の若手。農園を案内してくれたうえ、ＢＢＱ用の夏野菜を提供してくれ、夜遅くまでＢＢＱに参加。翌々日、湯沢温泉に見送りに来てくれた。

【湯沢市役所、佐藤市長】

私自身、湯沢市ふるさと応援大使を拝命していることもあり、今まで様々な活動をしてきた。菅前総理が総務大臣の時に作られたふるさと納税を活用して、若手農家の起業（株式会社ＣＲＡＳ）、湯沢高校（菊子文庫の創設・部活動の支援）、稲川中学校（地場産業の事業化プロジェクト）、中学生・高校生（留学支援制度）、湯沢農業経営者協会支援、そして湯沢農学校の開校。

２０２３年は、都市と農村の交流の一環として、神奈川（厚木農学校）と秋田（湯沢農学校）の交流を行い、10名の農業高校生、農大生、有機農家を湯沢に連

れて行った。市長はじめ、市役所の幹部から大歓迎を受けた。農家体験に加えて、七夕絵どうろうまつりにも参加。いつまでもふるさと湯沢の絵どうろうまつりが賑わうように、これからもできることは何でもやると市長に伝えた。具体的には、2024年、湯沢農学校の開校1周年記念として、農・食・起業家ビジネスコンテストの開催を提案させていただいた。地方創生には、若者たちの頑張りが是非とも必要だ。

【とことん山、大自然に囲まれたキャンプ場】

我々10名に、阿部医師、やまだアグリの柴田社長、湯沢農学校の小野塚学長、京政ファームの麻生代表他が合流し、BBQをやりながら夜遅くまで語り合った。宿泊はコテージ、露天風呂もあり、高校生たちは大満足だったようだ。

【(株) ＫＡＭＵＲＯ、菅社長】

〝地域のこし〟がミッション。

財務省を退職し、地域のこしのミッションを成し遂げるために、菅社長は湯沢市にＵターンし、２０２２年起業に踏み切った。宮城県と山形県から秋田県への玄関口に位置する〝役内〟という集落が舞台である。春夏秋冬という日本の四季をダイレクトに味わえるのが魅力だ。みちのくの小アルプスといわれる二百名山の一つ〝神室山〟の麓に位置するため、水量が豊富で、春は山菜、秋はキノコといった産物に恵まれている。また、岩魚や山女魚などの魚影が濃いので渓流釣りの穴場でもある。さらに、大役内川上流部で収穫されたお米をはじめとする農産物は格別な美味しさを誇る。役内という地域資源豊かなこの集落は、厳しい自然環境との共存共栄を古来より続けてきているが、人間味や自然味にあふれたこの地域を未来につなぐべく、彼は地域のこし企業として立ち上がった。今後湯沢農学校との連携や、古民家の再生を含め、様々な活動を行っていく予定である。

【秋田（湯沢）農学校】

自然栽培の田、畑の圃場[*1]を見学。稲、ソバ、夏野菜たちが順調に育っていた。小野塚学長や、理事の方々のおかげと感謝している。

＊1　圃場　田や畑など農地のこと。

地元魁新報に農学校の記事が掲載されたので記載する。（2023年6月10日付け）

〝農薬頼らず生産実践〟県内75人、先駆者に学ぶ。

（以下掲載文）

「湯沢市秋ノ宮地区で、農地に農薬や肥料を使わない自然栽培によるコメと野菜作りが進められている。3月に活動を始めた〝湯沢自然&有機栽培農学校〟のメンバーが取り組んでおり、収穫した作物は直売会を開いて販売することも計画し

ている。

農学校は同市稲川地域出身で、米食肉加工大手ナショナルビーフ日本法人の最高経営責任者・菊子晃平さん（63）＝横浜市＝が立ち上げた組織。古里の湯沢市のほか、ゆかりのある神奈川県厚木市、米ハワイ州に拠点を置いて自然栽培を実践している。

湯沢市の農学校は秋ノ宮地区で展示圃場を計75アール管理し、県内一円の75人が受講している。５月29日には自然栽培と農福連携の普及活動を展開する一般社団法人〝ジゼンタイ全国循環型社会協議会〟の代表・佐伯康人（55）＝愛媛県伊予市＝を講師に招き、約40人が定植の指導を受けた。佐伯さんは、トマトなどの夏野菜が気温上昇によるダメージを回避するには、豆類を畝の横へ一緒に植えるのが効果的だと説明。伸びた豆類の葉などが日光を遮り、土の中の温度上昇を抑制する。豆の実も食べることができると、化学肥料を使わない手法を紹介した。防虫には虫が忌避する作物を近くに植えるのが有効だとし、ダイコンの場合は

シュンギクなどのキク科が該当する。食べられる農薬として効果的だと解説した。圃場の畑地ではトマトやズッキーニを、水田にはあきたこまちともち米のたつこもちを受講生が植え付けた。佐伯さんは、野菜は根が拡がる範囲をイメージし、間隔を意識しながら植えてください、とポイントを挙げた。湯沢校の学長を務める小野塚真美さん（50）は、雑草が増えたり、生育が悪くなったりするといった自然栽培への先入観を払拭したい。慣行栽培で常識とされている手法が正しいのか実証しながら、秋ノ宮地区に合った栽培計画を立てていく、と話した。

　8月には厚木校の受講生が湯沢市を訪れ、市内の農地などを巡る研修会が計画されている。ハワイ校を含む3校を統括する菊子さんは、後継者不足が深刻になる中、何も手を打たなければ農業は衰退してしまう。秋ノ宮地区に20－30人規模が宿泊しながら農業を学べる施設の整備も検討しており、交流人口の増加や地域の活性化にも貢献したいとしている。」

【秋の宮山荘】

湯沢農学校の圃場見学後、秋の宮山荘で昼食を取った。秋田県最古の温泉地、〝秋ノ宮温泉郷〟。小野小町ふるさと伝承地の美人の湯、栗駒国定公園の自然と良質な温泉に癒された。

【（株）やまだアグリサービス、柴田社長】

株式会社やまだアグリサービスは、２００４年に創業し秋田県湯沢市山田地区で約３００戸の農家から１９７haの農地を借り受けている農業生産法人で、湯沢市では最大規模。稲作、大豆が主作物で、柴田為英社長に、農地の案内、大型農業機械（大型トラクター7台所有）、農福連携の取り組み等を説明していただいた。

代表の挨拶を紹介する。

「株式会社やまだアグリサービスを設立して20周年を迎えます。この間に世の中は絶えず変化し、当然ながら農業も変化してきました。まだまだ変化するとも思っ

ております。問題も当然あり、その問題の中で、人材問題が一番の問題だと考えています。例えば、地域の人口が増えなかったり農業の担い手だったり若者がいない等です。経営理念にもあるように、地域共存を旨としているので、どのようにすれば地域が盛り上がったり栄えたりするのか絶えず考えています。また、高齢者たちが次の世代へとどのようにバトンを渡していくのか。いずれにせよ〝人〟が関わってきます。農業を中心とした地域作りをして盛り上げていきます。応援よろしくお願いいたします」

【湯沢七夕絵どうろうまつり】

毎年８月５日から７日の３日間に行われる七夕絵どうろうまつりは、湯沢市の夏の風物詩。徳川治世の時代から約３００年の歴史を持つ伝統の祭りで、夕刻にいっせいに光を灯す大小数百基もの絵どうろうは圧巻である。２０２３年は、コロナが第５類に変更されたこともあり、大勢の人で賑わっていた。高校生たちも、

笑顔いっぱいだった。

数年前、一人の若手農業青年が湯沢市役所職員と東京に出てこられた。後継者のいないふるさと湯沢の農業を何とかしたい！と。相談を受けた私は、あなたが成功し、その背中を若者たちに見せる以外にないと伝えた。彼は、当時秋田県では誰もやったことのない、ふるさと納税を活用したガバメントクラウドファンディングで、ふるさとの三関のセリを守りたい！と訴え、５００万円を集め、起業に踏み切った。

【（株）ＣＲＡＳ、奥山社長】

株式会社ＣＲＡＳを立ち上げ、セリ、セリ鍋セットの直販に取り組んでおり、テレビ、雑誌等たくさんの取材を受けて活躍している。

代表の奥山社長に、枝豆の収穫体験、セリのハウス見学、サクランボ、リンゴ園の案内等をしていただいた。訪問した10名全員、ぷりぷりの枝豆をカバンに入

りきれない量をお土産に頂いて、神奈川に戻った。ＣＲＡＳとは、ラテン語で明日を意味する。子供たちのために、故郷の誇れる明日を創る、そんな意味が込められている。

今回の秋田農ツアーでは、地元の方々皆、口をそろえて地域を守り抜きたいと言われた。こういう志のある若者たちを応援するため、２０２４年夏に、農・食起業家ビジネスコンテスト（AGRI VENTURE AWARDS）を開催することを決断した。グランプリ賞は１０００万円の出資交渉権が得られる。他にも準グランプリ賞等が用意されている。たくさんの応募が来ている。

２０２３年10月、厚木農学校主催で東大鈴木教授の講演会を行った。講演の題は、〝世界で最初に飢えるのは日本。日本人の6割が餓死する、この国家的危機を防ぐには何が必要なのか？〟。先生の同タイトルの書籍はベストセ

ラーになっており、全国各地で講演をされている。この本によれば、

「――20XX年。貿易自由化と、少子高齢化により、日本の農業は壊滅状態となっていた。カロリーベースの食料自給率は、記録的な低水準となり、ほとんどの食料を輸入に頼る事態に陥っていた。そこに、某国での戦争が勃発。日米同盟により日本も戦争当事国となったことで、某国からの食料輸入が途絶した。悪いことが重なり、その年に歴史的な異常気象が発生。世界中で巨大台風や洪水が多発したほか、アフリカ諸国では歴史的な干ばつが続いた。〝世界同時食糧危機〟の到来である。

国民の食料が不足しかねない。そう考えた政府は、さっそく食料の確保に動くものの、思うようには進まない。世界各地で〝食料争奪戦〟となると、慢性的な円安に悩む日本は、どうしても買い負けてしまう。政府は備蓄米を放出するものの、もはや焼け石に水でしかない。食料品の価格は記録的な高値となり、スーパーから生鮮食品の姿が消える。政府は、第二次大戦以来となる、配給制度の実施に

踏み切る。だが、闇取引が横行し、とくに低所得者には、十分な食料が行き渡らない。ある程度自給できる農村地帯を除き、日本中が飢餓の恐怖に見舞われる――」

鈴木先生の講演では、多くの人に危機感を共有された。私もこのままでは、日本の米も畜産も崩壊してしまうと思う。では食糧危機を防ぐために、どうやって日本農業を再生していくのか？　これを次の章で、話したいと思う。

鈴木東大教授の講演に続き、シゼンタイの佐伯代表の講演（自然栽培が食糧危機を救う）、そして、私は〝農園・農学校の歩みと今後〟という題で話をした。午後は、収穫祭を兼ねて、畑で取れた自然栽培の野菜を中心とした食材でＢＢＱを行った。

その様子がＳＮＳで発信されているので、紹介する。

「昨日の日曜日　10月22日は夫と朝から厚木。援農でお伺いしている菊子自然&有機農園でのイベントでした。午前中は、講演会。最初の御登壇は、東京大学の

鈴木宣弘教授。日本の食糧危機についてのお話。私は以前ＺＯＯＭで鈴木教授からこのお話を一度伺っていますが、繰り返し聴くことが大事ですね。本もまた読まなきゃです。二人目の登壇は、自然栽培を広めるべく日本全国を回られているシゼンタイの佐伯康人さん。何度聞いても自然栽培はすごいと思います。三人目は、菊子自然&有機農園学長の菊子晃平さん。これまで取り組んでこられた活動についてと、これから先の展望についてお話しくださいました。菊子学長のお話は、何度聞いてもシビレます。これからますます〝消費者が、生産者になっていくことが必要〟という今日のお話はとても心に沁みました。日本が抱える沢山の課題を、それぞれの分野でご活躍の先生方に教わりながら、できることをやっていくこと。やり続けていくことがますます大切な時代。それぞれの家庭のあり方、仲間や地域、コミュニティの繋がりが重要になってくること、再確認しました。講演会の後、午後は皆さんとＢＢＱ。無除草剤、無農薬、無肥料で大切に育てられた自然栽培の新鮮野菜がいっぱい登場しました。ご招待されている沢山のお客

様と一緒に、いつも援農でご一緒させて頂いている皆さんと豊かな時間を過ごしました。

太陽の光が降り注ぐ青空の下での調理も、皆さんとの語らいもとても心地よく、楽しくて、有難くて、心もお腹も大満足の幸せな時間。可愛いお子さんたちの姿や、サックス、ウクレレの生演奏の音色にも沢山癒されました。そしてこれからの日本の農業を牽引していく若きリーダー農大生の活躍と素敵な笑顔に、今日も沢山力を頂きました。

皆さま素晴らしい時間をご一緒させて頂き有難うございました」

第4章

儲かる農業への挑戦、〝アグリルネッサンス〟食糧危機は防ぐ！

私は農学校で、儲かる農業を実践、新規就農者を増やし、食糧危機を防ぐことに全力を注いでいる。働けど働けど貧しかった少年時代、なぜ日本の農業は儲からず衰退してきたのか？　なぜ、ドジョウの背中は曲がっていたのか？　アメリカを含む世界の農業、アグリビジネスを経験し、そしてその答えを出すため、自ら農業を始めた。

20年間耕作放棄地だった畑をクワで一人で開墾した。農業の本を読み漁った。自分で農業を始めると、種まき、苗植え、草取り、収穫時にはそれなりの人手がいることを痛感した。雇用するにしても、一年中仕事があるわけではない。必要な時に必要なだけ労働力を確保できたら、どんなに楽だろう。農業の本を読むと、まず石灰をまき、堆肥をまき、土作り。種を購入し、定期的に化学肥料を追肥、

農薬も定期的に散布する。農業機械のガソリン代も含めて、資材、エネルギー代もバカにならない。気候変動の影響もあり、収穫してどんな品質のものが、どれだけ収穫できるかわからないので、かけたコストが回収できるとは限らない。最近では、化学肥料や飼料価格が急騰して、農家経営はさらに苦しくなっているにもかかわらず、省力化を図るためにスマート農業を勧め、ドローン等の農業機械を買わせようとする。であれば、従来の農業の教科書をゼロベースで見直してみることにした。農産物を生産するコストを限りなくゼロに近づける農業を目指す。肥料代、農薬代、石灰等の資材代、種代、人件費、物流費も限りなくゼロを目指す農業だ。自然と共に歩む農業だ。そして、販売する農作物は徹底したマーケティング調査を自ら行い、価格も自ら決定し、売り上げを最大にする。コストが最低限で、売り上げが最大であれば、赤字経営に陥ることはないはず。そうすれば、借金は増えないはず。これは、経営の基本だ。あとは、具体的にどのようにしてそれを実現していくかだ。

２０２３年６月、日本有機農業学会谷口会長に、湯沢農学校で講演をお願いした。

〃有機農業に転換するには何が必要か？〃が講演の題だ。

「まず農業には、農薬・化学肥料を使う慣行農業、農薬・化学肥料を使わない有機農業、農薬・肥料・除草剤を使わない自然栽培・自然農法がある。現在、慣行農業の割合は、99・4％である。ところが農水省は、２０２１年１月、みどり戦略を発表した。その内容は、

２０５０年までに

・農林水産業のCO_2排出量実質ゼロ
・化学合成農薬の使用量50％削減
・化学肥料の使用量30％削減
・有機農業を１００万ha（全農地の25％）に拡大

これまでの日本農業の常識を根底からくつがえす内容だった。農水省は〃きち

んとした農産物を育てるには化学肥料や農薬が必要だ〟〝農薬は、使い方を間違えなければ安全だ〟と指導し、地方自治体やＪＡはその指導を信じてきた。それが、突然〝30年以内に農薬を半分に、化学肥料を３割減らす。有機農業を農地全体の４分の１に広げる〟と言い出したのである。全国の農業関係者は、大きな衝撃を受けた。世界の専門家はずっと警鐘を鳴らしていた。

しかし、あまり驚かない人たちもいた。来るべき時が来た。農薬や化学肥料は、地球環境に大きな負荷をかけている。このことは、ずっと言われてきた。世界の専門家は、〝慣行栽培は持続可能ではないし、ずっと続けていくことはできない〟と警鐘を鳴らし続けてきた。農薬と化学肥料の大幅削減は世界の潮流。

２０２０年になって、アメリカやＥＵは、農薬や化学肥料を大幅に減らすと宣言した。

アメリカ：農業イノベーションアジェンダ（２０２０年２月）

ＥＵ：農場から食卓へ戦略（２０２０年５月）

欧米の政策転換に取り残されないために、農水省は大慌てで政策転換を決めた。それがみどり戦略である。突然の農水省の方向転換に現場は大混乱。国連食料システムサミットでみどり戦略の実行を国際公約とした。

国連食料システムサミットが２０２１年９月23―24日にオンライン形式で開催され、24日には菅義偉前首相がビデオメッセージを発表した。

『第一に〝生産性の向上と持続可能性の両立〟です。このための鍵となるのは、イノベーションやデジタル化の推進、科学技術の活用です。我が国は、５月に策定した〝みどりの食料システム戦略〟を通じ、農林水産業の脱炭素化など環境負荷の少ない持続可能な食料システムの構築を進めてまいります』

こうして、みどり戦略は日本の国際公約になった」

〝儲かる農業×ドジョウの背中が曲がらない農業×食糧危機を防ぐ農業〟

このことを考えた時、サツマイモは享保の大飢饉、天保の飢饉、日露戦争など

で、各地で多くの人を空腹から救ったスーパーフードであること。また、１９９２年ソ連の崩壊を思い出した。日本でも最近インフレで物の値段が上がってきているが、ソ連のインフレ率は２６００％。1年で物価が26倍になり、お金の価値は26分の1になってしまった。それでもモスクワの都市住民が餓死しなかったのは、社会主義の国だったため、大半の都市住民は郊外にダーチャという畑付きの別荘を所有しており、芋を栽培し、ウォッカを飲んで冬を越したからだそうである。

　そこで私は、3つの農園に自然栽培のサツマイモの苗を植え、コストを極限まで下げる農業に挑戦した（写真9）。石灰も、堆肥も、化学肥料も、農薬も、除草剤も一切使用しない自然栽培。人件費も農学校の仲間が援農してくれ、省くことができた。

　２０２３年8―9月。紅はるかの収穫を4回に分けて行った。毎回10名程の方々が、草むしり含めて援農してくれた。東京や、横浜、湘南等から厚木の畑まで、

（写真９）　第４農園、サツマイモの草刈り

車やバスで来てくれた。サツマイモを掘ると、２０２３年は高温の日が多かったせいもあり、約4か月で収穫、重量も３００―５００ｇの大きな紅はるかがたくさん収穫できた。豊作である。皆芋掘りなんて子供の頃以来だねと言いながら童心に返り、スコップで芋を掘る。掘った芋は、そのまま半日天日干し。その日は2つの農園で芋を掘り、休憩。皆、カボチャのケーキ、サツマイモの焼き芋、スイカ、野菜等、畑で取れたものを持参。会話が弾み、農業を心から楽しんでいるようだ。午前に収穫し、午後は、乾かしたサツマイモを、段ボールに新聞紙を敷いて、箱詰め作業。

サツマイモの収穫を手伝っていただいた黒沼夫婦が、ＳＮＳに投稿された。楽しい農作業を表している内容だと思うのでそのまま記載する。

「昨日の日曜日。8月27日は朝から夫と厚木の畑へ。

さつま芋掘りのお手伝いに行ってきました。

鮮やかな赤紫色の外皮が美しいさつま芋〝紅はるか〟。

土の中から丁寧に掘り出していく作業は、まるで遺跡発掘のようで。

傷つけないように
折らないように
やさしくやさしく。

さつま芋掘りをしたのは、私はいつ以来だったのだろう。

もしかすると、息子が幼稚園の時の〝お芋掘り遠足〟以来かな。

だとすると、もう25年ぶりほどだったろうか。

掘りだしたさつま芋が土の上にきれいに並んだ姿はとてもみごとで、美しかった。

さつま芋の苗の植え付けの時、土に対して垂直に植えたか、斜めに植えたかによって、出来上がりのさつま芋の形が変わると伺った。

改めてそれを知ってとてもびっくりしたんだよ。

まだまだ暑さが残る毎日だけど、確実に季節は進み、秋は深まっていくね。
吹く風にも
泣いている虫の声にも
季節の移ろいを感じたよ。
畑で手を動かしながら、季節のその変化に気付いた時
葉っぱに残る雨粒や、水玉に当たって輝く日の光に気付いた時
さつま芋の沢山のつるを刈り取った後、出会えたいろんな虫たちの存在に気付いた時
この暑い夏を乗り越えて、今ここで共に生かされている地球の仲間なのだと思った時
とっても豊かな気持ちになったんだよね。
先行き不安定な時代に生きる私たちだけれど、だからこそ大切に生きていきたい。

植物も虫たちも人間も
そのどれもが尊くて
空気と水と土と微生物と
そこにあるすべての、調和と循環の中で私たちは生かされているんだよね。
ひとつひとつ、そのどれもがかけがえのない存在なのだと感じた畑の時間でした。
排除ではなく共存。
もくもくと美しい真っ白な雲。
土の色と
さつま芋の赤紫と
バッタの緑
太陽の光を透過した葉っぱたちの輝くグリーン。
その間に咲くツユクサの美しいブルー。

自然の色が織りなす美しいコントラストに心動かされた日。

地球は美しい
また大切な時間を頂きました。

収穫第一弾の日。

掘り上げた紅はるかはしばし太陽の下でひなたぼっこ。

そして箱詰めされた後は、一定温度に管理されたドームハウスの中で出荷の時を待ちます。

我が子として大切に育てられた紅はるか。

この畑から誕生した沢山のさつま芋たちがこれからまた沢山の人と出会い、形を変えて新たな喜びを生み出していくと思うと、とても幸せな気持ちになりました。

スイーツに姿を変える紅はるかちゃんもいれば、焼き芋になる子?アイスクリームになる子?もいるのかな。

毎日の天気に心を配り
厳しい夏空の下で草を刈り
大切に育て続ける作り手の思いに心を寄せた貴重な季節でした。
農家さんって、ほんとにスゴイ。
そして自然栽培ってすごいな。
菊子農園の菊子代表、ご一緒下さった皆様、そして定期的にご訪問下さり、たくさんの気づきと教えを授けて下さる佐伯康人先生。
有難うございました。またぜひご一緒させてください」

サツマイモは、食べて美味しいだけでなく、今は健康食としても注目されている。
サツマイモは、干し芋、焼き芋、スイーツ、お菓子で人気だ。サツマイモ博では、女性中心にたくさんの人がサツマイモを求めて行列を作る。焼酎も製造でき

る。あらゆる販路を、自分で検証し、分析し、経営戦略を立ててみる。いける！日本農業は儲からないのではなくて、徹底した経営戦略を自ら作ることにより、夢のある農業に変われるのだ。

具体的な話をしよう。収穫は、厚木農学校の仲間が援農してくれた。販売は様々なチャネルに挑戦し、自ら徹底的なマーケットリサーチをしてみて収益分析を行った。

収穫体験販売、農園で直売、サツマイモ原木販売（テレビ局へ）、サツマイモ原木は、テレビ局の料理番組へ販売（１２００円／kg）した。太くて長く、状態の良いもの、細長いもの、丸いもの、太くて長いもの、窪みが浅いもの、窪みが深いもの、ひげ根の多いもの、トースターで使用するもの、カット用のサツマイモ等を25本、送った。番組では、さつまいも親善協会鈴木会長が、サツマイモを使った料理を紹介。美容とダイエットに効果があると、サツマイモがブームだ。

マーケットリサーチの結果、１０００円／kgから、１２００円／kgゾーンで販売

可能。焼き芋、お芋クッキー、丸ごと焼き芋スイートポテト、お芋のチーズケーキ、シンプル蒸し焼きプリン、干し芋、焼き芋クリーム、焼き芋アイス等にも挑戦してみた。加工販売で一番シンプルなのは、超蜜焼き芋を作って販売すること。超蜜焼き芋専用のオーブントースター（1万円程）を購入。熟成した紅はるかを2時間、〝焼き芋専用ケース〟に3本入れて加熱するだけで、砂糖や塩などを加えなくても甘くて美味しい超蜜焼き芋の完成。サツマイモの生産は、農薬、肥料、除草剤を全く使わずに行い、加工は加熱するだけで、1本400円で販売。コストを差し引いても、1000円／kgの利益は確保できる。

自然栽培で生産した紅はるかを原料として、新しいブランドを作り最高の焼酎を作りたい。そのために酒造メーカーの選定に走り回った。結果、神奈川県の老舗の酒造メーカーにプライベートブランドの焼酎の製造をお願いすることにした。この酒造メーカーは、江戸時代後期の文政元年（1818年）から続く、酒造会

社である。令和3年、令和4年、令和5年と3年連続で全国新酒鑑評会で金賞を受賞した日本酒をはじめ、クラフトビール、クラフトジンと幅広いラインナップを展開している。〝酒は文化なり〟という言葉を大切に、日本酒を中心とした酒造りを２００年続けてきた同蔵では、地場産原料を使った酒造りもその特徴の一つ。原料の風味を活かした本格焼酎は、日本酒製造の副産物である酒粕を蒸留した粕取り焼酎、地元厚木産のサツマイモが原料の芋焼酎など、蒸留技術にも定評がある。サツマイモを販売するだけでなく、新ブランドの焼酎を製造してもらい、自ら販売する。このことが、収益を確保することにつながる。

お酒の販売免許、一般酒類小売業免許、通信販売酒類小売業免許も取得した。酒税務署に申請するのだが、たくさんの書類を準備しなければならなかった。酒類販売管理研修の受講も必須だ。酒類販売管理者として、酒類の特性、酒類業に関する社会的要請、酒類販売者の役割、酒税法関係、酒税の保全及び酒類業組合に関する法律、20歳未満の者の飲酒禁止に関する法律、独占禁止法、リサイクル関

係法、米トレーサビリティ法、酒類の分類、酒類の表示基準、酒類の歴史、製造方法と保存管理上の注意、きき酒の方法、酒類と健康法、参考法令等、盛りだくさんの内容だった。サツマイモを生産する知識も大事だが、加工して、直接消費者に販売するためには、たくさん学ぶことがある。特に日本酒、焼酎、ワイン等の製造方法には興味があったので、学ぶことができて良かった。研修だけでなく、実際酒造メーカーで製造現場に立ち会うことも重要だ。焼酎販売では、周到なブランド戦略を考えて、１１００円／kgの利益を得る戦略を立てた。

　ブランドもデザインも、自ら考え決めた。農学校の仲間たちからもアイデアを頂いた。男性向けイメージの強い芋焼酎を、女性にも楽しんでもらうために、２種類のラベルをデザインした。焼酎の名前は、〝菊子農園〟。菊子農園で自然栽培で育った紅はるかを原料として、焼酎になったことをアピールしている。

　サツマイモが豊作だったので、急遽飛び込み営業。しかも２００年続く老舗の酒造メーカーで、金賞受賞３年連続の名門会社だ。最初の訪問は門前払い。２回

目も話ができなかった。３回目でやっと話を聞いてもらい、４回目で納品が決まった。営業とは、断られてからスタートするものだ、とはよく言ったものだ。

また、ハワイのご縁で、湘南のアイスクリーム店に紅はるかを納品。機械や人工のものに頼ることなく、人の手でつくられた安心かつ自然の美味しさをお客様に届けたいという、オーナーの考え方に感動した。

単純計算で、１反の畑から紅はるかが１トン収穫でき、kgあたり１０００円の利益を確保すれば、５反で５００万円（５×１０００×１０００）、１haだと１０００万円、10haだと1億円の年収になる。もちろん、生産、販売が上手くいった場合の話だが、これが実現すれば、農業に新規就農する若者たちが殺到するはずだ。食糧危機が来ても自給率が上がり大丈夫だ。そのためにも、自然栽培の技術、マーケティングの手法等、農学校で学ぶ必要がある。もちろん、私の運営する農学校の授業料は無料だ。援農をしてくれるだけでいい。

長らく続いた江戸時代。黒船が現れると、国中が大騒ぎ。その中で、時代の流

れを読み、塾生たちに教えたのは松下村塾である。松下村塾からは、たくさんの明治政府で活躍する若者たちを輩出した。明治維新である。

サツマイモだけでなく、菊芋にも挑戦。菊芋は、結婚式場のフランス料理に使ってもらい、加工品にしてドバイの王室への販売にチャレンジする予定だ。厚木農学校では自然栽培で国産大豆プロジェクトもやった。自然農法を長年やってこられ、オーガニックの種を販売している、グリーンフィールドプロジェクトの大山さんがリーダーとなって、味噌造りにも挑戦する予定だ。

サツマイモ同様、生産、販売計画を徹底的に調査することにより、儲かる農業は実現できるはずだ。２０２４年は、仲間が増えてきたのでサツマイモの栽培面積を5倍に増やし、栽培する野菜を増やし各種野菜の詰め合わせセット販売、自然栽培の米作りも始める。昔ながらの水車があり、水がきれいで夏に蛍が飛びかう田んぼでスタートする。現在米農家の苦境が報道されている。農家の高齢化や

化学肥料の高騰等が原因だ。農学校に集まる生徒たちと、化学肥料を使わない自然栽培で米作りに挑戦する。

農家は原則、生産、販売まで自分一人、または家族でやることが多い。それでは限界がある。経営のプロの視点で、コストを極限まで下げ、販売は最大にする。そして農学校に集まる全員の頭脳、体力、そして技術を結集した新しいスタイルの農業、つまり農園と農学校の運営を一体化した６次化の自然栽培の農業スタイルを、私はアグリルネッサンス（農業維新）と呼ぶ。アグリルネッサンスに共感してくれる仲間が増え始めている。安全な食を求める人が増えている。食糧危機がもうすぐやってくると心配して農園にやってくる仲間が増えている。農学校は、授業料を払って農業を学ぶのではなくて、農学校を授業料無料でも運営できるようになるのが私の理想である。自然栽培は、地球環境にやさしく、人の心、カラダの健康に良い農業だ。自然と人は集まってくる。アグリルネッサンスの先には、

衰退する農業の姿は見えない。笑顔が見える農業。現在、発達障がい者が増えている。彼らとも自然栽培を通じて、農福連携に取り組んでいきたい。

ここで自然栽培について、簡単に説明したいと思う。長年自然栽培をやってこられた、自然農福の力代表　今枝稚加良さんによると、

「農業には大きく分けて〝慣行栽培〟〝有機栽培〟〝自然栽培〟の３つの栽培方法があります。慣行栽培とは、農薬、化学肥料、除草剤などを使用した栽培法。有機栽培は、化学的な農薬や肥料を使わない有機ＪＡＳ認証等を得た栽培法。自然栽培は肥料、農薬、除草剤を使わない栽培法です。それぞれの栽培の特徴として３つの要素があります。それは〝甘味〟〝うま味〟〝収穫量〟です。科学的には、そのすべてを十分には得ることができませんが、自然栽培なら３つのうち２つを得ることができます。慣行栽培はうま味、有機栽培は甘味、自然栽培はうま味と甘味両方を得られ、野菜の本当の美味しさを得られますが、収穫量が野菜の品目によっては少ない場合があります。もちろんこれらは科学的に見て、すべて同じ

条件で栽培した場合になります。実際はその土地の条件やその人が持っている栽培技術などによっても結果は変わってきます」

繰り返そう。自分でやるスタイルの農業を自ら決め、耕作放棄地を借り受け、クワで開墾、自然&有機農園に再生し、集まってくる仲間たちと笑顔で一緒に汗を流し、生産コストを下げ、販売は徹底的なマーケティングを自ら行う。自然と農学校が出来上がり、情報も、労働力も、お客さんも集まる。自然栽培の紅はるかの焼酎は、ファンが殺到している（写真10）。なぜか？　それは、ミッションがあるから。アグリルネッサンスを興す！　持続可能な農業、儲かる格好のいい農業（年収１０００万円／１ha）から、年収1億円／10haも目指せる農業を実現できたら、就農者は激増するに違いない。年収とは売り上げのことではない。利益のことだ。昨年も8月は異常に暑く、野菜の高温障害の話も聞く。私の第3農園の栗の木の下は、意外にも涼しく、クーラーが要らない。そこで農園と山々を見ながら、ランチを取る。至福の時間である。最近は、米や野菜を栽培している

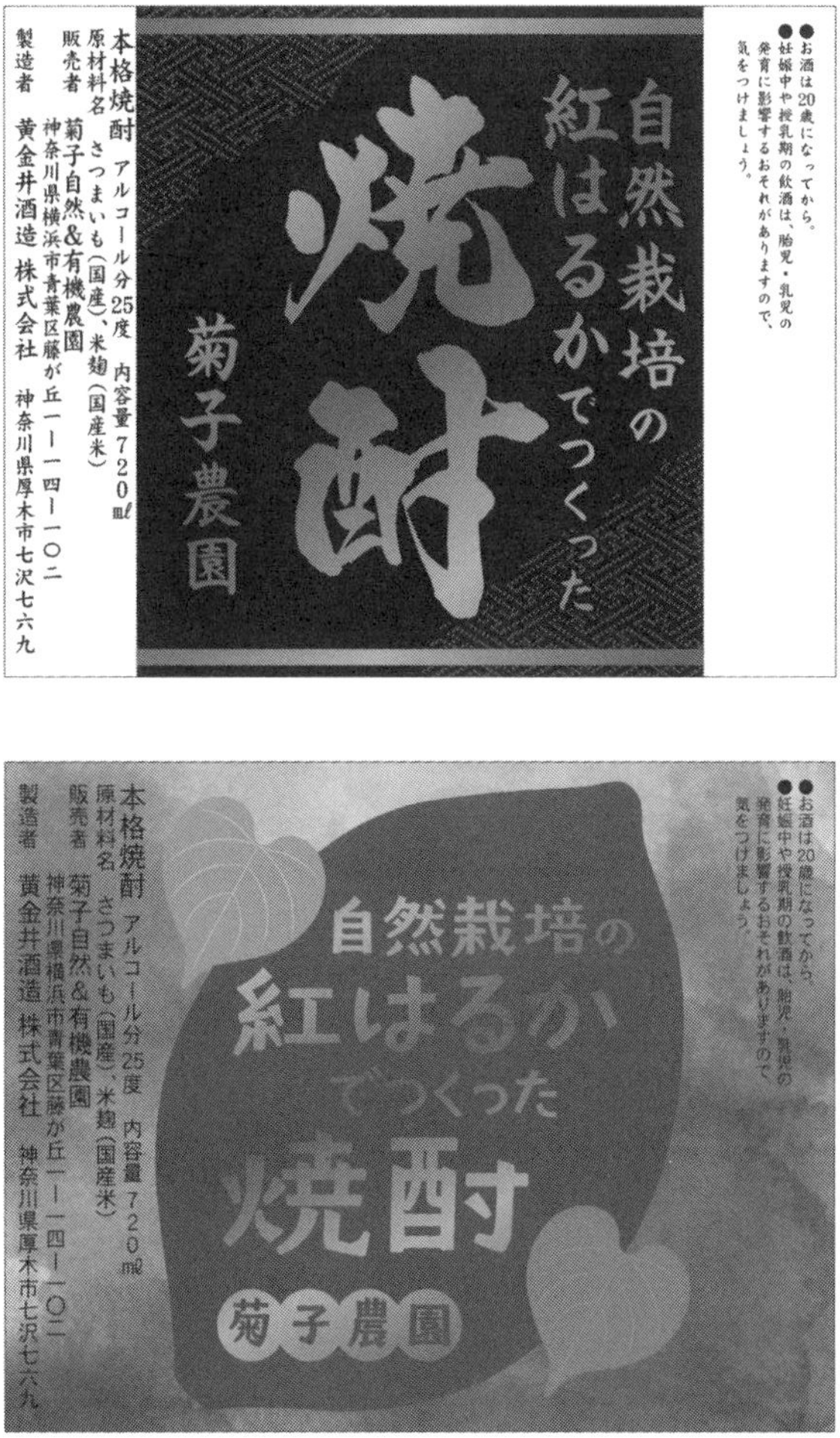

（写真10） 焼酎、シールのデザイン２種類作成

数十から数百haの大型農業法人等から、資本提携はじめ様々な提携の話が来るようになってきた。農業でも志を高く持ち、経営に全力を尽くすことにより、他産業のように高収益の農業法人が生まれるはずである。

畜産、食肉についても触れたいと思う。世界的には、アメリカ、ブラジル、中国等の企業が、M＆Aを繰り返して巨大な企業が生まれている。一方、日本は酪農農家の廃業が増え続けている。その理由の一つに、牛が食べる飼料（粗飼料、濃厚飼料）の海外依存がある。かつてのように日本経済が強く、円高の時代には自分で牧草を育てるよりも、海外から調達するほうが楽で安く購入できた。最近は、ロシアとウクライナの戦争等の影響により、穀物の価格が上昇し、円安がさらにコスト負担を重くして、酪農農家の経営が成り立たなくなっている。化学肥料も同じ現象が起きて、高齢農家が農家をやめるきっかけになっている。国も和牛の海外輸出を増やすのなら、せめて和牛が食べる飼料を自国で生産するようにしないと、とても持続可能ではない。一方、すでに自ら牛に食べさせる飼料を自

ら生産し、牛を育て、販売。さらに自ら焼肉店を開き外食店を経営し、海外にも出店している会社がある。農業維新を唱えており、私は、こういう志を同じくできる同志たちと共に、アグリルネッサンスを興すつもりだ。日本農業は現状厳しいのは事実だ。でも厳しい時は、逆にチャンスでもある。消費者が喜ぶ農畜産物をコストを下げて生産し、徹底的なマーケティングをやり世界をターゲットに販売していく、ここに挑戦すべきだ。日本農業、私は１００年に一度のチャンスと思っている。

また、２０２４年5月には、欧州の最新の農業を見聞するため、フランスに行く。

第5章

財を成すは下、事業を為すは中、人を残すは上

本章タイトルの言葉は、明治の偉人、後藤新平の言葉である。彼は岩手県出身で、須賀川医学校卒業後、内務省衛生局、台湾民政局長、初代満鉄総裁、鉄道院総裁、外相、内相、東京市長などを歴任し、数多くの分野で業績を残している。関東大震災の復興にも内相兼帝都復興院総裁として多大な貢献をした。日本には、古くから松下村塾や、寺子屋などがあった。

現在の3農学校の理事たちを紹介したい。

厚木農学校（写真11）

学長

菊子晃平

（写真11）　厚木農学校の様子

名誉理事

佐伯康人　　シゼンタイ代表

日本にて無農薬・無肥料・無除草剤の自然栽培を確立した福岡正信氏と、世界で初めて無農薬・無肥料・無除草剤でリンゴの栽培に成功した木村秋則氏に指導を受け、木村氏の一番弟子として、国内はもとより世界にも講演に行くなど自然栽培の先導者として活躍。自然栽培と福祉を掛け合わせ、農福連携で障害を持った方々が日本の耕作放棄地を自然栽培で再生していく〝一般社団法人農福連携自然栽培パーティ〟を立ち上げる。日本全国120箇所2000名の仲間たちに栽培指導を行う。2021年12月22日、一般社団法人シゼンタイ全国循環型社会協会を立ち上げ新たな展開を開始。

副学長

鈴木真美子　教師兼自然栽培農家

小林七穂　　会社経営者

理事

山本慧　　川崎グランハートクリニック　内科認定医・循環器専門医

杉山明子、佐藤香織、佐々木奏、斉藤節子、吉間哲矢、小川剛

湯沢農学校

学長

小野塚真美

秋田県湯沢市（旧雄勝町）に生まれる。短大進学で故郷を離れ、農業とは無縁の生活を送っていたが、ビジネスをしていく中で〝必須栄養学〟と出会い、深く学んでいくうちに〝カラダは食べたものでつくられる〟ことに感銘を受ける。

２０１９年、父の他界を機に、残された田畑で無農薬栽培ができないかと一念発

起。秋田にＵターンして米作りにチャレンジ。２０２２年、シゼンタイ　佐伯代表の講演を聴き、秋田で自然栽培を広げたいと思い、農学校の開校に尽力。それと同時に、地元農業の担い手として仲間と会社を立ち上げる。（株）ＫＡＭＵＲＯ取締役。

理事

柴田為英　（株）やまだアグリサービス　代表取締役社長

沓澤繁幸　くつざわ農園代表

栗田健一　神室自然農園　代表

奥山和宣　（株）ＣＲＡＳ　代表取締役社長

井上慎栄　湯沢市農業経営者協会　会長

菊子晃平　菊子自然＆有機農園　代表

ハワイ島自然栽培農学校

学長

MATT MATSUDA

京都西陣織を営む家庭の三男として生まれる。35歳でアメリカに移住。実業家。海運業界でアルバイトから身を起こし、起業し成功。EMPIRE TRANSPORT & FOWARDING INC. 社長として35年間、日米の貿易拡大に貢献。２００３年、ハワイ島に移り友人と自然栽培に取り組む。ロサンゼルスとハワイ島の2拠点生活をしている。

理事

山本茂　山本自然農園　代表兼 DEEP HAWAII TOURS 代表

野村知成　会社経営者、LET'S 農業　代表

鈴木絢子　会社経営者、さつまいも親善協会会長

菊子晃平　　菊子自然&有機農園　代表

この3校の理事の中から、各校1名素晴らしい取り組みをしている理事を紹介したい。

厚木校理事　山本慧　院長（川崎グランハート　クリニック）

山本先生は、日本有数の治療実績のある、急性期センター病院（小倉記念病院・川崎幸病院）で内科、循環器内科、救急診療に従事していた。中核病院で勤務することにより、多くの患者の診療・治療を行ってきた。彼の頭の中には、常に〝病気にさせないこと〟、〝病気で困らせないこと〟という思いがある。実際、今まで治療してきた方々の中に、もっと早く自分と出会えていれば、この人をここまで重症な状態にさせないことができたのではないかと思うことが度々あったという。その中でクリニックを開設することを決意した理由は、病気のない社会をつくる

ことを目指したからだ。

「私が、自然栽培と出会ったのは、偶然でした。たまたま、知り合いの紹介で、自然栽培を見学する機会を頂きました。それまで、野菜が体にいいことはもちろんわかっていました。しかし、毎日食べる野菜の種類を選ぶことはあっても、農法を選ぶことは意識しませんでした。

自然栽培は、有機栽培と同じではありません。有機栽培は特定の農薬は使わないが、使用可能な農薬があります。また有機栽培では、有機肥料を使います。作物を育てるにあたり、肥料を与えるというのは、当然のことに思っていました。肥料を与え、美味しい作物を作る。こんな当たり前のことが、実は違うとは思いもしなかったのです。なぜ肥料がいけないのか。それは肥料によって、害虫が集まってくるからです。そしてその害虫を駆除するために、農薬が必要になってきます。農薬が人体にも有害であることは、もはや説明は不要であると思います。ただ様々な問題があり、農薬に依存せざるを得ない状況もあります。その依存の

原因の一つが肥料であるということです。

〝自然栽培という選択〟

農薬や肥料を一切使わず、作物本来の生きる力を利用して栽培する方法が自然栽培です。農地を作物が育つ環境に改善し、気候、天候、地質、野草、虫や鳥達などと共存することにより、目的の作物を生産する。そんな農法が自然栽培です。そこには、人類の知恵と自然への敬意があります。土まで食べられる野菜。自然栽培では、肥料や農薬は一切使いません。有害なものが、存在しないので、そこから何を引く必要もないのです。洗わずとも食べることが出来る野菜たち。自然の純度１００％の野菜が自然栽培野菜です。

〝腸内細菌と食物繊維〟

腸内細菌は私たち人間の体調はもちろん、精神状態にも影響を与えます。腸内細菌が乱れれば、心身共に不調となるわけです。腸内細菌は、その種類が豊かであればあるほど、腸内で良い腸内細菌となります。また、腸内細菌が生きていく

のに必要なのが食物繊維です。人体では分解、吸収出来ない、食物繊維が細菌の餌となります。また菌達は餌によってその割合を変化させます。つまり、いい餌を与えることにより、多様な菌が育ち、それが人体へのいい影響となるのです。細菌のことをプロバイオティクスといいます。その餌、食物繊維のことをプレバイオティクスといいます。菌達は好む餌のもとに、集まる傾向があります。自然栽培では農薬を使用しないので、菌達が自由に繁殖することが出来ます。その菌と食物繊維、同時にとることが出来るのが、自然栽培野菜なのです」

湯沢校理事（株）ＣＲＡＳ　奥山代表取締役

三百年の歴史を持つ伝統野菜・三関せり。秋田名物のきりたんぽ鍋やだまこ汁に欠かせない素材として愛されてきた。一方で、生産者は減少の一途。後継者不足に危機感を覚えた奥山さんは、湯沢市役所の職員と共に上京し、私のところに相談に来られた。どうしたらふるさとを守れるか？　なぜ、農業を志す若者がい

ないのか？　私は、「あなたが成功者になって、農業は儲かるんだ、ということを自分の背中で見せる以外にない」と助言した。まず、秋田県では誰もやったことのない、ふるさと納税を用いたガバメントクラウドファンディングの第1号に挑戦。見事目標金額を集めることができて、起業に踏み切り、設備投資の資金の一部もまかなうことができた。直販によって、三関のセリの本当の価値を高めたいと考え、新しい鍋文化を作りたいと思って、フランス産鴨鍋セット、比内地鶏の鍋セット販売を始め、テレビ、メディア等にも取り上げられている。

ハウスを2棟増やし、販路も順調に拡大し、地元では期待の若手起業家だ。

ハワイ校理事　山本代表

大阪出身。高校卒業後、実家を出て、新聞配達で学費と生活費を稼ぎ、大学卒業。陸上長距離で全日本インカレに出場した際、和太鼓グループ鬼太鼓座の創始者田耕さんに〝アメリカ合衆国をランニングで一周しよう〟とスカウトされ、入

団。鬼太鼓座では、ニューヨークのカーネギーホールでの公演に4度出演するなど、演奏活動と同時に、アメリカ一周１５０００㎞を3年かけて完走。

鬼太鼓座を退団後、カナダでログハウス専門の大工の下で修行。ニューヨークでプロのダンサーとして活躍していた妻と出会い、２０００年にハワイ島コナに移住、ガイド人生をスタート。電気が通っていない土地に、太陽光発電、太陽熱温水を使ったエコな家を購入、敷地内にハワイ固有種の木を５００本植林して州政府よりフォーレスタとして表彰される。フルーツの木を植えたりヤギを飼うなど半自給自足の生活を始める。二人目の子供が生まれた後、自分でログハウスを建てるなど、オフグリッドの生活を20年間続けている。毎年、お寺での新年会、盆踊り、もちつき、お掃除に参加。趣味は植林ボランティア。

菅前総理が総務大臣だった時に創設されたふるさと納税を活用し、農学校の設立、運営にも私のふるさと納税が活用されることとなった。菅前総理、佐藤湯沢

市長にはこの場をお借りして御礼を申し上げたい。もちろん、農学校の運営費、ふるさと納税で足りない金額はポケットマネーでまかなっている。神奈川（厚木校）、秋田（湯沢校）の交流も10名、８月に２泊３日の無料農ツアー実施、ハワイ校への農留学も成績優秀者に無料で行った。農学校の開校イベントで、一番頑張って学んだ生徒にハワイ校への農留学を無償で実施すると約束していたからである。選ばれたのは、畑山千弥君。東京農大の４年生である。３年次から農園、農学校に通うようになり、自ら耕作し、検証し、毎週ＳＮＳで発信。農園の管理、例えばトイレのトイレットペーパーが切れていた場合、自ら購入、交換したり、農学校の運営にも積極的に協力してくれた。彼の叔父さんは、秋田県湯沢市で１９７haを耕作する、大規模農業生産法人である。２０２４年、大学を卒業後、地元湯沢に帰り本格的に農業を始める予定である。

２０２３年12月16日、成田空港を出発。前年２０２２年は、コロナのワクチン

証明書が入出国手続時に必要で、成田空港内のお店も閑散としていたが、２０２３年は空港内も賑わっていた。ホノルルを経由し、ハワイ島コナ空港に到着した。12月なのに暖かい。さすが常夏のハワイだ。ハワイというと、観光地オアフ島のホノルルをイメージする方が多いが、我々は島の面積が一番大きく、農業も盛んなハワイ島に農学校を開校している。明治時代に日本からの移民がたくさんハワイ島にやってきて、トウキビ畑やコーヒー農園で働いていた。島のあちらこちらには、今でもスーパーやいろいろなお店に日本人の名前がついている。ハワイ島の人々は、フレンドリーでやさしい人が多い。

　ハワイ校の山本理事の案内でまず、山本自然フルーツ農園を見学。20種類以上の果物が、無肥料、無農薬で育っている。バナナ、オレンジ、レモン、マンゴー等々。オレンジを沢山収穫して、オレンジジュースをつくった。山本農園の中には洞窟もあり、家畜の骨等もあった。翌日からは、無農薬のコーヒー農園を見学。コナコーヒーは世界3大コーヒーの一つであり、人気がある。他にもオーガニッ

ク野菜のマルシェや、８haもある広大なフルーツ農園の視察等を続けた。

　最終日は、ハワイ校のＭＡＴＴ学長の別荘で、ＢＢＱ。オーシャンビューの絶景で、太平洋に夕日が沈む光景に感動した。ビールを飲みながら、２０２４年起業家ビジネスコンテストの計画の話をしたら、ＭＡＴＴ学長が１００万円の賞金を出してくれることを即決された。さすが、京都から単身アメリカに渡り、起業し成功した実業家だ。彼は、ロサンゼルスに会社があるが、１年のうち２か月はハワイ島、日本にも毎年２か月ほど滞在し、３拠点ライフを堪能している。もう一人、山本理事の息子さんが２０２４年４月に秋田国際教養大学に入学が決まっていると聞いた。まだ高校生だが、起業家ビジネスコンテストの話を聞くと、身を乗り出して、彼もエントリーを表明した。ハワイ島は、日本と違い人口が増加しており、不動産の価格も上昇し、誰も将来の不安を口にする人はいない。人口減少の続く秋田県とアメリカを交流させる取り組みが始まるのを期待している。

読者の皆さんは、ハワイ・ホノルル国際空港の名称が２０１７年にダニエル・K・イノウエ国際空港になったことをご存じだろうか？　ハワイの方々がなぜ日本人に対してやさしいのか。ダニエル・K・イノウエの功績が大きいと言われている。ここで、群馬大学大学院医学系研究科、総合外科学講座・肝胆膵外科分野のホームページより、教授コラムを紹介する。

「ダニエル・ケン・イノウエは１９５９年にアメリカの下院議員に当選後、上院に転じ50年間を米国の国会議員として過ごしました。２０１２年の12月に88歳でその生涯を閉じました。ダニエル・ケン・イノウエの両親は日本からハワイ、ホノルルに移住した移民でした。イノウエは日系2世のアメリカ人として１９２４年に生まれました。イノウエは外科医を目指して勉学に励んでいたそうですが、ハワイ大学在学中の１９４１年日本による真珠湾攻撃が行われ、太平洋戦争がはじまり、その人生は大きく変わることになります。

　アメリカ政府はアメリカ西海岸に居住していた日系人や日本人移民12万人をア

メリカ国籍の有無に関わらず敵性外人として、ほとんどの財産を没収し強制収容所に収容しました。強制収容所は有刺鉄線が張り巡らされており、常に監視員が銃を構えているという、刑務所同然であったそうです。同じ戦争を戦っていたイタリア系やドイツ系の移民に対してはこのような処遇は行われませんでした。このような理不尽な人種差別の中にも関わらず、多くの日系人が軍隊に志願しました。多くの日系2世はアメリカ人としての祖国に対する忠誠を証明し、名誉を奪還するために闘いに加わり、手柄を上げるしかないと思ったのではないでしょうか。このうちの一人にイノウエもいたのです。

イノウエは１９４７年に陸軍大尉として名誉除隊しました。右腕を失ったことにより、当初目指していた医学の道をあきらめました。ハワイ大学に復学して政治学を専攻し、ジョージ・ワシントン大学の法科大学院に進学し、１９５３年法学博士を授与されました。１９５９年には民主党からハワイ州選出の連邦下院議員に立候補し当選し、アメリカ初の日系人議員となりました。初登院の際、下院

議長が通例通り「右手を挙手して宣誓の言葉を続けてください」と言ったのですが、イノウエは左手を挙げました。議事録には「右手がなかったのである。第二次世界大戦で、若き米兵として戦場で失くしたのだ。その瞬間、議会内に漂っていた偏見が消え去ったのは、誰の目にも明らかであった」との記録が残されているそうです。

その後、１９６３年には上院議員となり、戦時補償法の制定などに尽力する傍ら、１９７３年にはウォーターゲート事件と１９８７年にはイラン・コントラ事件の上院調査特別委員となり注目を浴びました。

２０１２年12月ジョージ・ワシントン大学附属病院に入院したが、２０１２年の12月12日に死去しました。死去の前、「ハワイと国家のために力の限り誠実に務めた。まあまあ、できたと思う」と述べ、最後の言葉は「アロハ（さようなら）」でした。同月20日、遺体を納めた棺がアメリカ合衆国議会議事堂中央にある大広間に安置され、追悼式典が開かれました。大広間に遺体が安置されるのは、エイ

ブラハム・リンカーン、ジョン・F・ケネディなど一部大統領や、ごく少数の議員に限られており、イノウエ議員は歴史上32人目、かつアジア系の人物としては初めて大広間に遺体が安置された人物となりました。ハワイ州出身で幼少時代からイノウエ議員を尊敬していたオバマ大統領は弔辞の中で、第二次世界大戦に於いて自由と威厳のために戦い、議員としては人種的平等を身上に多くの米国人に希望を与えたことを賞賛しました。また、ウォーターゲート事件調査の先頭に立っていたイノウエ議員を毎晩テレビで見ていた思い出を語り、「彼がいなければ私はここにいなかった（大統領として）」と同じマイノリティとして政治家を志す上で大きな影響を受けたと感動的なスピーチを披露しました。

イノウエ議員の座右の銘は、幼少時代から祖父に教わった「義務と名誉」だったそうです。入隊前、父親からは「私達は米国に義務を負っている。国を侮辱しないこと。死ぬなら、名誉の死を遂げること」と言い渡されたといいます。イノウエにとって、米軍に入隊し、米国のために戦う事は、祖国に対する「義務」と、

日系米人の「名誉」を守ることを意味していました。そしてそのことは当時４４２連隊に入隊した日系アメリカ人には共通の思いだったように思います。命を賭けていなければこれだけの戦功は上げられません。死傷率３１４％という数字はそれを示しています。彼らの生き方に「武士道」を感じざるをえません。忠誠心や名誉はこの世の最善のものであるとする「武士道」（新渡戸稲造）を読んでいただければ彼らの目指したもの、生き方が理解できると思います。間違いなく第４４２連隊で活躍した日系2世はサムライの心を持ったアメリカ人でありました。

この第４４２連隊のことは昭和30年代に心臓血管外科を学びにアメリカ、シカゴに留学した父に聞きました。彼らがいたからこそ戦後のアメリカにおける日系人への評価は高まったのだと」

（群馬大学大学院医学系研究科　総合外科学講座　肝胆膵外科分野『教授コラムVol．26「ダニエル・K・イノウエ国際空港」』より一部抜粋）

いろりとの出会い

いろりとは、田畑と森と海でつながる学生団体で、〝全国の学生とともに日本の一次産業を盛り上げる〟という理念を掲げて活動している、日本全国の様々な地域の学生と共にあり続ける食と農林漁業学生ネットワーク団体です。全国にいる食と農林漁業に対して熱い思いを持っている学生にとって、

大学・地域の枠を超えた横のつながりをつくる『結束』

自ら全国の仲間とともに発信をする『行動・発信』

共に活動しお互いを刺激し合うことによる『成長』

のきっかけになるような活動を展開している。

いろりの代表（尾崎陽花さん、お茶の水女子大学食物栄養学科）並びに副代表（古賀雪音さん、東京農業大学農芸化学科）が、菊子自然＆有機農園のサツマイモ収穫に参加したことがきっかけで、酒造メーカーへの納品・工場見学、厚木農学校の講演会にも参加され、一緒に活動することとなった。

菊子自然&有機農園がスポンサーに

２０２３年９月16日、ＪＡ系がスタートアップ企業を応援する一般社団法人Ag Venture Labで、いろり主催の講演会が開催され、私も誘われ参加した。Ag Venture Labの落合専務理事は、全農の参事も兼任されており、昔懐かしい全農の話で盛り上がった。Ag Venture Labは全中、全農、全共連、農林中金、家の光協会、日本農業新聞等ＪＡの全国組織８団体が、共同して開設したイノベーションラボである。このLabは、社会課題の解決を目指す若手起業家の育成に取り組んでいる。ビジネスプランコンテスト〝ＪＵＭＰ〟は、すでに起業している、または起業を目指す学生チームのサポートを目的とした全国コンテストである。全農の参事から是非ともスポンサーになってほしいとの話があったので、菊子自然&有機農園としてスポンサーを受けることにした。過去最高の１２６社から応募があり、11社が本選に出場した。２０２４年３月２日の本選で、私は株式会社Perma Future代表取締役　池田航介氏を選んだ。彼は、スリランカやオランダ、

全国の農家を見て回り経済と環境の循環を志し任意団体Perma Futureを設立する。エコビレッジで行う教育プログラム「地球散歩」やオンラインコミュニティ「ヴァーチャルエコビレッジ」などを開発し、４年時にクラウドファンディングで約２５０万円集め、幻の健康茶「EARTH MIND」をプロデュースしPerma Futureを株式会社として登記。その後北海道大学環境科学院に進学。EARTH MINDをマルイや松屋銀座などPOP UPで出店しつつ、農業とワーケーションを組み合わせた事業農ケーションを展開している。

日本の農村漁村には豊かな自然や歴史があり、すてきな人々が暮らしている。そんなかけがえのないものが数十年後には消えてしまうかもしれない。農家の人手不足解消を目指し、農家さんの後継ぎを発見、半農半Xの暮らしや移住者の増加、農の関係人口創出、都市の人のメンタルの改善に取り組んでいる。次世代に農業分野で活躍する若者を応援したい。

これとは別に、志の高い農家、農業法人等を対象に農起業家ビジネスコンテスト（AGRI VENTURE AWARDS）の開催も3農学校主催で開催する。すでに相当数の応募があり、２０２３年中に書類審査による第一次審査を行い、２０２４年、この本が出版されているあたりに本番の選考会が開催される予定である。グランプリを受賞された起業家には、１０００万円の出資交渉権を与える。準グランプリ賞等もあり、スポンサーも、菊子自然&有機農園の他、日本の農業の未来、若手起業家を応援したいと様々な企業から申し出があった。

起業家たち、アグリルネッサンスを興してくれる若者たちにチャンスを与えたい。そして、幕末の松下村塾のように志と情熱を持った若者たちと共に未来の農業に挑戦したい。

２０２３年9月、運命の出会いがあった。雨風太陽の高橋社長が、菊子自然&有機農園の視察に来られ、完全に意気投合しアグリルネッサンスを一緒にやり遂げようということになった。

高橋代表のプロフィール

１９７４年、岩手県花巻市生まれ。

岩手県議会議員を２期務め、２０１１年９月巨大防潮堤建設に異を唱えて岩手県知事選に出馬するも次点で落選し、政界引退。

２０１３年、ＮＰＯ法人東北開墾を立ち上げ、世界初の食べ物付き情報誌『東北食べる通信』を創刊し、編集長に就任。

２０１４年、一般社団法人〝日本食べる通信リーグ〟を創設し、同モデルを日本全国、台湾の50地域へ展開。

２０１６年、生産者と消費者を直接つなぐスマホアプリ〝ポケットマルシェ〟を開始。

２０１８年、47都道府県を車座行脚する〝平成の百姓一揆〟を敢行。〝関係人口〟提唱者として、都市と地方が共に生きる社会を目指す。

２０１９年２月と２０２２年11月に『カンブリア宮殿』へ出演。

雨風太陽は、東日本大震災をきっかけに生まれた。当時、岩手県議会議員だった高橋さんは、それまで交わることのなかった都市の消費者と地方の生産者が被災地で初めて出会い、お互いを知り、活動を共にするにつれ、関係性が深まっていく様子を目にした。東北の農漁村は、震災前から過疎・高齢化で衰退していた。食べものをつくっている生産者自身が食べていけない、後継者がいない、耕作放棄地が広がる、鳥獣被害が増える、気候変動が猛威を振るう……。

ボランティアとして被災地を訪れた都市の消費者は、そのような地方の生産現場の実態に心を痛めたり、食べものの裏側にいた生産者の哲学や生き様に共感したことで、継続的な復興支援に参加していった。一方で、東北の豊かな自然に触れ、目の前の困っている人を助け感謝されることで、都市生活では得にくかった生きる実感ややりがいを得て、支援に来たはずの彼らが逆に被災者から救われる場面も数多くみられた。困っていたのは地方だけでなく、生かし生かされ合っている自然や人間とのつながりが希薄になり、生きる実感を失っていた都市もまた、

同じだったのだ。

この時、消費者と生産者がもう一度関係性を紡ぎ直すことで、〝疲弊する都市〟と〝衰退する地方〟の双方が抱える課題を同時に解決できるはずだと確信した。〝都市と地方をかきまぜる〟という考え方の新しくて太いところは、都市のいいところと地方のいいところをフラットに見て再配列し、互いの課題を解決しながらこれまでにない価値を一緒に生み出すところにある。

現代社会では、本来不可分である消費者と生産者、都市と地方、人間と自然は分断されてしまっている。高橋社長は、消費者と生産者の接触面積を広げ、都市と地方のあいだに〝関係人口〟を生み出すことで、日本中あらゆる場の可能性を花開かせていきたいと考えている。彼は岩手出身、私は隣の秋田出身、同じ東北出身である。彼は、自らを幕末の志士高杉晋作になぞらえ、私と共にアグリルネッサンスを興すと固く誓った。

彼の会社は、日本で初めてインパクトＩＰＯ[*1]上場を２０２３年12月に成し遂げ

た。

２０２４年２月25日、第１回厚木農学校が開催された。朝から雨が降り続く中、第３農園の校舎内は外の寒さにもかかわらず、熱気にあふれていた。参加希望者が多いため、９時、11時、14時の３部制で超満員。農学校のミッションと今年の予定を私が話し、野菜、サツマイモ、お米の各栽培リーダーから今年の計画を説明した。野菜は固定種の種を使い、無農薬で50種類の野菜を10数年間栽培しているベテランリーダーが教える。子供連れの家族のために、隣のドームハウスで子供農学校を開校することを決めた。農家で絵本作家の友人が、絵本を農学校に寄贈してくれた。４月28日、第３回農学校には食育活動で農林水産大臣賞を受賞した方が、子供農学校で授業を引き受けてくれる予定だ。彼女は、２０３０年、農業を子供たちのあこがれの職業にしたいそうだ。

都市、地方、海外にあり、３校連携し、大人も子供も無料で自然栽培が学べる

世界で唯一の農学校である。厚木校には毎日のように入校の問い合わせが来ている。1年待ちである。

＊1　インパクトＩＰＯ　ポジティブなインパクトの創出を意図している企業が、インパクトの測定およびそのマネージメント（impact measurement & management, IMM）を適切に実施していることを示しながら、ＩＰＯを実現すること。

おわりに　志があれば日本は甦る

日本の歴史は70年サイクルという話がある。今から70年前、太平洋戦争の焼け野原から立ち上がった昭和の日本、その70年前は、黒船を契機に幕末から明治維新を興した日本人。先人たちは、高い志を持っていた。平成の30年を経て令和になったが、日本の衰退は続いている。

国の借金も増えるばかり、年金制度もいつまで持続できるのか、日本農業も衰退の一途をたどり、いつか食糧危機を迎えるのか？　今の日本人は、いつになったら目が覚めて具体的な行動を起こすのか？

明治維新は、松下村塾で学んだ若者たちが主役であった。日本農業でアグリルネッサンスを興すべく、志のある若者たちと共に学びながら明日の日本農業を創っていく覚悟である。この本を読んで共感していただいた方は、一緒に新しい日本を創るべく立ち上がろう！　私のホームページから連絡してほしい。

2023年10月22日は、食糧危機を予言する鈴木東大教授の講演、自然栽培の伝道師佐伯代表の講演に続き、私の〝農園・農学校の歩みと今後〟という題で話をさせていただいた。新しい農業の形、持続的な儲かる農業、ドジョウの背骨が曲がらない農業が見えてきた。たくさんの若者たちが共にアグリルネッサンスを興したいと言ってくれた。日本ハム（株）木藤会長、ハワイ農学校MATSUDA学長、湯沢農学校小野塚学長、いろりの尾崎代表、さつまいも親善協会鈴木会長、総合商社の役員たちも参加された。

仮に食糧危機が近い将来来たとしても都市の厚木校、地方の湯沢校、海外のハワイ校3校がしっかりと連携し、立ち向かう覚悟である。

最後になったが、私には一人息子がいる。何をしているかと言われると、専業農家を独立してやっている。彼も今年から自然栽培を始める。私は、様々なスタイルの農業があっていいと思っている。息子も専業農家になり、私も還暦を過ぎてから本格的な農家になり精力的に活動を続けている。妻いわく、あなたは生ま

れてからずっと一生農業に関わる運命の下に生まれてきたのかも、と。二人には感謝以外ない。また、最後になったが、私と妻の母にも感謝をしたい。

【参考・引用文献】

『世界で最初に飢えるのは日本　食の安全保障をどう守るか』鈴木宣弘著　２０２２年　講談社

【著者紹介】

菊子晃平（きくこ　こうへい）

秋田県湯沢市の豪雪地帯に農家の次男として生まれる。全農に4年間勤務するも、中曽根康弘元内閣総理大臣とロナルド・レーガン元米国大統領が、牛肉とオレンジの自由化を決定というニュースを聞き、世界の農業を自分の目で見たいと全農を退職、単身アメリカに武者修行に出る。30代で当時アメリカ最大の農業協同組合の日本法人を設立、代表に就任。のちアジア代表も兼任。

外資系（米国、牛肉）企業　日本法人創業者。2012年より、自然・有機農業を始める。耕作放棄地を一人でクワを持ち自然＆有機農園に再生する。現在、菊子自然＆有機直営農園12か所、グループ農園と合わせ6haの規模。神奈川（厚木）、秋田（湯沢）、アメリカ（ハワイ島）に自然＆有機栽培農学校を3校同時開校。アグリルネッサンスを興し、儲かる農業に挑戦！

早稲田大学大学院中退、農学士、秋田県湯沢市ふるさと応援大使。

儲《もう》かる農業《のうぎょう》への挑戦《ちょうせん》　“アグリルネッサンス《農業維新》”
～週末《しゅうまつ》は皆《みんな》で畑《はたけ》へ～

2024年6月20日　第1刷発行

著　者　　菊子晃平
発行人　　久保田貴幸

発行元　　株式会社 幻冬舎メディアコンサルティング
〒151-0051　東京都渋谷区千駄ヶ谷4-9-7
電話　03-5411-6440（編集）

発売元　　株式会社 幻冬舎
〒151-0051　東京都渋谷区千駄ヶ谷4-9-7
電話　03-5411-6222（営業）

印刷・製本　中央精版印刷株式会社
装　丁　　弓田和則

検印廃止

ISBN 978-4-344-94983-6 C0095
幻冬舎メディアコンサルティングＨＰ
https://www.gentosha-mc.com/